国家能源集团光伏项目通用造价指标

（2024年水平）

国家能源集团技术经济研究院　编著

中国发展出版社
CHINA DEVELOPMENT PRESS

图书在版编目（CIP）数据

国家能源集团光伏项目通用造价指标：2024 年水平 / 国家能源集团技术经济研究院编著. -- 北京：中国发展出版社，2025. 6. -- ISBN 978-7-5177-1482-8

Ⅰ. TM615

中国国家版本馆 CIP 数据核字第 20253W965R 号

书　　名：国家能源集团光伏项目通用造价指标（2024年水平）
著作责任者：国家能源集团技术经济研究院
责 任 编 辑：张　楠
出 版 发 行：中国发展出版社
联 系 地 址：北京经济技术开发区荣华中路22号亦城财富中心1号楼8层（100176）
标 准 书 号：ISBN 978-7-5177-1482-8
经　销　者：各地新华书店
印　刷　者：北京富资园科技发展有限公司
开　　本：787mm×1092mm　1/16
印　　张：4.25
字　　数：100千字
版　　次：2025 年 6 月第 1 版
印　　次：2025 年 6 月第 1 次印刷
定　　价：30.00元
联 系 电 话：（010）68990635　68990625
购 书 热 线：（010）68990682　68990686
网 络 订 购：http://zgfzcbs. tmall. com
网 购 电 话：（010）88333349　68990639
本 社 网 址：http://www.develpress. com
电 子 邮 件：morningzn@163.com

封面图片来源于国家能源集团

《国家能源集团光伏项目通用造价指标》
（2024年水平）
编委会

前 言

国家能源投资集团有限责任公司（以下简称集团公司）为加强电力建设工程造价管理，有效管控工程投资，控制建设成本，提高投资收益，提升项目价值创造能力，打造“工期短、造价低、质量优、效益好”的精品工程，促进集团公司电力产业高质量发展，组织编制了《国家能源集团光伏项目通用造价指标（2024年水平）》。

本通用造价指标以近年来集团公司光伏项目技术方案及概算数据为基础，参考当前光伏行业的技术发展趋势和设备价格水平，按照现行国家、行业及集团公司有关规范标准，统筹考虑市场价格水平、科技进步、资源节约、环境友好等因素进行编制，以期为集团公司及各子分公司光伏项目前期规划、立项决策、投资决策、全过程造价管控及对标管理提供支撑。

目　录

1 范围

本指标适用于海拔3500米以下、气温零下40摄氏度以上地区的地面、水面以及“沙戈荒”大基地、煤矿采空区等应用场景下的集中式光伏项目，可作为立项、投资决策阶段及全过程造价管理中的参考。各应用场景适用装机容量范围分别为：

（1）“沙戈荒”大基地：1000~2000MW。

（2）煤矿采空区项目：1000~2000MW。

（3）地面光伏：50~1000MW。

（4）水面光伏：50~500MW。

建设期以外的土地租金、送出线路、储能工程、调相机、沙漠治理费用作为单项指标不包括在基本方案通用造价指标中，根据项目实际情况与基本方案指标配合使用。

当实际项目的装机容量、技术方案等与基本技术方案不同时，可依据编制说明中的调整方法，根据项目实际情况进行调整。

本指标仅针对光伏项目建设的一般情况，对于特殊情况可结合项目特点进行相应的调整。

2 规范性引用文件

NB/T 32027—2016《光伏发电工程设计概算编制规定及费用标准》;

NB/T 32035—2016《光伏发电工程概算定额》;

《电力建设工程概算定额（2018 年版）》;

《关于发布〈建筑业营业税改征增值税后光伏发电工程计价依据调整实施意见〉的通知》（可再生定额〔2016〕61 号）;

《关于调整水电工程、风电场工程及光伏发电工程计价依据中建筑安装工程增值税税率及相关系数的通知》（可再生定额〔2019〕14 号）;

《关于调整水电工程、风电场工程及光伏发电工程计价依据中安全文明施工措施费费用标准的通知》（可再生定额〔2022〕39 号）;

《国家能源集团电力产业新（改、扩）建项目技术原则　风电、光伏及风光互补分册》。

3 编制原则

3.1 编制范围

本指标包括光伏电站围栏及围墙范围内全部发电、升压配电系统设备购置及安装、建筑工程（含 2km 进站道路），以及土地征用、长期租地、施工临时租地、工程前期、工程设计、调试、试运验收、水土保持补偿、送出线路、储能工程、智能化以及增设调相机等其他常规项目费用，不包括区域集控中心、特殊地方政策性费用、植被保护措施及特殊施工费用等相关费用。

本指标基本预备费在基本方案通用造价指标中计取，不包含在调整模块通用造价指标中，费率为 2%。

本指标价格计算到静态投资，不包含建设期贷款利息等动态费用。

3.2 编制依据

本指标执行 NB/T 32027—2016《光伏发电工程设计概算编制规定及费用标准》，定额参考 NB/T 32035—2016《光伏发电工程概算定额》，不足部分参考《电力建设工程概算定额（2018 年版）》，其他相关费用标准执行《关于发布〈建筑业营业税改征增值税后光伏发电工程计价依据调整实施意见〉的通知》（可再生定额〔2016〕61 号）、《关于调整水电工程、风电场工程及光伏发电工程计价依据中建筑安装工程增值税税率及相关系数的通知》（可再生定额〔2019〕14号）、《关于调整水电工程、风电场工程及光伏发电工程计价依据中安全文明施工措施费费用标准的通知》（可再生定额〔2022〕39号）。

本指标中采用的技术原则参考《国家能源集团电力产业新（改、扩）建项目技术原则　风电、光伏及风光互补分册》。

3.3　编制说明

3.3.1　工程地质条件

（1）地震基本烈度Ⅵ度。

（2）建（构）筑物设防烈度6度。

（3）基础设计和施工不考虑地下水的影响。

3.3.2　地形、气象说明

（1）场区地势平坦，地面自然坡度不大于3°，用地范围形状规则连续，光伏子阵布置在一个连续地块（水域）内，周边交通便利，满足箱式变压器（以下简称箱变）等大型设备的运输条件。

（2）风压：按0.3kN/m^2考虑。

（3）雪压：按0.35kN/m^2考虑。

（4）地质条件：按一般黏性土、砂质土考虑，基础范围无地下水。

3.3.3　设备、人工、材料价格

（1）光伏组件价格参考国家能源集团技术经济研究院发布的光伏组件参考价格综合确定，逆变器及支架等主要设备价格参考市场平均水平确定。

（2）光伏组件及主变压器（简称主变）价格为运至现场费用，采购保管费率按0.5%计取，其他设备综合运杂费率按3.915%计取。

（3）人工预算单价标准执行 NB/T 32027—2016 中的相应规定，详见表 1。

（4）建筑及安装工程主要材料价格参考 2024 年二季度北京地区信息价计算，详见表 2。

表 1 人工预算单价表

序号	人工类别	单位	预算价格
1	高级熟练工	元 / 工时	10.26
2	熟练工	元 / 工时	7.61
3	半熟练工	元 / 工时	5.95
4	普工	元 / 工时	4.90

表 2 主要材料价格表

序号	材料名称	单位	预算价格
1	钢筋（HRB400E）	元 /t	4678
2	柴油（0 号）	元 /t	9150
3	汽油（95 号）	元 /t	11420
4	碎石	元 /m^3	141
5	中砂	元 /m^3	147
6	钢材	元 /t	4607
7	普通商混 C30	元 /m^3	463
8	普通商混 C25	元 /m^3	406

注：以上材料价格均为不含税价。

3.3.4 技术方案及工程量

（1）主要技术方案以近年来国家能源集团、行业已投产光伏项目及典型设计工程方案为基础确定，体现国家能源集团“工期短、造价低、质量优、效益好”的精品工程成果。

（2）主要工程量根据主要技术方案工程量测算。

3.3.5 其他

（1）本通用造价指标在使用时，可根据项目实际情况，通过调整模块造价指标，结合光伏项目基本方案主要参考工程量表、光伏项目主要设备参考价格和光伏项目综合单价参考指标进行调整。

（2）项目建设用地费、前期工程费、勘察设计费、水土保持费、环境保护费等相关费用根据国家能源集团近期项目平均水平综合取定，使用时可按照本指标“4　指标主要内容”中相关内容说明据实调整。

4 指标主要内容

4.1 光伏项目通用造价指标

4.1.1 通用造价指标（表3）

表 3 光伏项目通用造价指标表

单位：元 /kWp

序号	装机容量（MW）	应用场景	基本方案指标	单项指标					
				土地租金缴纳方式		送出线路	储能工程	调相机费用	沙漠治理费用
				5 年一次缴纳	20 年一次缴纳				
1	2000	“沙戈荒”大基地	2429	65	260	103	142	77	42
		煤矿采空区	2463	65	260	103	142	77	—
2	1000	“沙戈荒”大基地	2437	65	260	103	142	77	42
		煤矿采空区	2471	65	260	103	142	77	—
		地面集中式	2321	50	200	103	142	77	—
3	500	地面集中式	2370	50	200	106	142	77	—
		水面集中式	2590	50	200	106	142	77	—
4	200	地面集中式	2501	50	200	118	—	—	—
		水面集中式	2708	50	200	118	—	—	—
5	100	地面集中式	2520	50	200	118	—	—	—
		水面集中式	2710	50	200	118	—	—	—
6	50	地面集中式	2806	50	200	141	—	—	—
		水面集中式	2995	50	200	141	—	—	—

注：储能工程按 10%，2h 条件计列费用。

4.1.2 通用造价指标边界条件

4.1.2.1 基本方案通用造价指标边界条件

（1）主设备选型：

· 组件——采用单晶硅双面双玻 N 型组件；

· 汇流及配电设备——组串式逆变器 320kW，3200kVA/ 1600kVA 箱变。

（2）价格水平：

· 本指标价格水平为 2024 年价格水平；

· 单晶硅双面双玻 N 型组件价格为 0.82 元 /Wp；

· 其他设备、人工、材料价格见本指标“3.3.3 设备、人工、材料价格”的说明。

（3）本指标只计算到静态投资，其中包含基本预备费，费率按 2% 计列。

（4）典型方案均选取自中、低海拔地区。

（5）基础设计和施工不考虑地下水的影响。

（6）长期租地费按 1 年租金考虑。

（7）基本方案指标不包含以下费用，使用时可根据项目单项指标、项目实际情况及相关依据文件等进行调整：

· 特殊施工措施费用；

· 新建或分摊对端改造、汇集站等接入系统相关费用；

· 除征租地外的土地占用税等建设用地相关费用；

· 特殊地方政策性收费；

· 高寒、高海拔等特殊地区调整费用；

· 特殊科研、试验项目费用；

· 超出建设期的长期租地、送出线路、储能工程、调相机、沙漠治理等单项指标项目。

（8）光伏组件的清洗方式按照人工清洗方式考虑，水源可就近引接自来水，或由移动式水车提供水源。

（9）智能化相关内容包括为实现光伏发电过程的数字化、自动化、信息化、标准化，以大数据、云计算、物联网为平台，集成智能传感与执行、智能控制与优化、智能管理与决策等技术，形成一种具备自感知、自学习、自适应、自寻优、自诊断等功能的智能发电运行控制管理模式。重点布局于视频数据集中监控单元、无线网络建设、多设备及关键部位的在线监测，满足光伏发电站的设备智能化、生产运行智能化、检修维护智能化、网络和系统安全方面的要求。参考造价指标为 430 万元。

4.1.2.2 单项造价指标边界条件

（1）土地租金缴纳方式：

· 基本方案中已按照建设期计列一年期光伏场区土地租金，超出建设期部分根据项目实际情况，按单项指标中“5 年一次性缴纳”以及“20 年一次性缴纳”两种方式增列土地租金指标，以便项目光伏场区租金实际缴纳方式与基本方案不同时进行调整；

· 详细情况见 5.1 相关内容。

（2）送出线路：

送出线路工程单项指标按以下原则计算：

· 装机容量 2000MW 项目送出距离 100km；

· 装机容量 1000MW 项目送出距离 50km；

· 装机容量 500MW 项目送出距离 50km；

· 装机容量 200MW 项目送出距离 30km；

· 装机容量 100MW 项目送出距离 20km；

· 装机容量 50MW 项目送出距离 10km；

· 详细技术说明及造价指标见 5.2 相关内容。

（3）储能工程：

· 本指标储能工程单项指标按配套储能考虑，采用磷酸铁锂电池方案，按 10% 容量，2 小时放电时长计；

· 详细技术说明及造价指标见 5.3 相关内容。

（4）配套调相机：

· 采用配置 50 兆乏小型调相机方案；

· 详细技术说明及造价指标见 5.4 相关内容。

（5）沙漠治理：

· 对于沙漠或严重沙化场区，采用草方格固沙方式；

· 详细技术说明及造价指标见 5.5 相关内容。

4.1.2.3　各类费用占指标的比例（表 4）

表 4　基本方案各类费用占指标的比例表

单位：%

装机容量	应用场景	设备购置费	安装工程费	建筑工程费	其他费用	静态投资
2000MW	“沙戈荒”大基地	61	16	16	7	100
	煤矿采空区	60	17	16	7	100
1000MW	“沙戈荒”大基地	61	16	16	7	100
	煤矿采空区	60	17	16	7	100
	地面集中式	64	17	12	7	100
500MW	地面集中式	62	18	12	8	100
	水面集中式	57	16	19	8	100
200MW	地面集中式	61	16	14	9	100
	水面集中式	57	15	19	9	100
100MW	地面集中式	59	17	13	11	100
	水面集中式	55	15	19	11	100
50MW	地面集中式	57	16	14	13	100
	水面集中式	54	15	19	12	100

4.2 光伏项目基本方案技术一览表（表 5）

表 5 光伏项目基本方案技术一览表

工程类别	并网容量	直流侧容量	组件型号	组件支架	支架基础	汇流及配电设备	集电线路	升压站 / 开关站
“沙戈荒”大基地	2000MW	2400MWp	单晶硅双面双玻 N 型组件	固定支架	混凝土钻孔灌注桩，ϕ300mm	组串式逆变器 320kW，3200kVA，1600kVA 箱变	铝合金电缆直埋敷设	新建 2 座 330kV 升压站，每座 330kV 升压站以 2 回 330kV 线路送出，配置 4 台 250MVA 主变，330kV 采用单母线接线形式，35kV 采用单母线接线形式，每台主变低压侧配置两段 35kV 母线
	1000MW	1200MWp	单晶硅双面双玻 N 型组件	固定支架	混凝土钻孔灌注桩，ϕ300mm	组串式逆变器 320kW，3200kVA，1600kVA 箱变	铝合金电缆直埋敷设	1 座 330kV 升压站以 2 回 330kV 线路送出，配置 4 台 250MVA 主变，330kV 采用单母线接线形式，35kV 采用单母线接线形式，每台主变低压侧配置两段 35kV 母线
煤矿采空区	2000MW	2400MWp	单晶硅双面双玻 N 型组件	固定支架	螺旋钢桩，桩长 2.5m，ϕ76mm × 4mm	组串式逆变器 320kW，3200kVA，1600kVA 箱变	铝合金电缆桥架敷设	新建 2 座 330kV 升压站，每座 330kV 升压站以 2 回 330kV 线路送出，配置 4 台 250MVA 主变，330kV 采用单母线接线形式，35kV 采用单母线接线形式，每台主变低压侧配置两段 35kV 母线
	1000MW	1200MWp	单晶硅双面双玻 N 型组件	固定支架	螺旋钢桩，桩长 2.5m，ϕ76mm × 4mm	组串式逆变器 320kW，3200kVA，1600kVA 箱变	铝合金电缆桥架敷设	1 座 330kV 升压站以 2 回 330kV 线路送出，配置 4 台 250MVA 主变，330kV 采用单母线接线形式，35kV 采用单母线接线形式，每台主变低压侧配置两段 35kV 母线

续表

工程类别	并网容量	直流侧容量	组件型号	组件支架	支架基础	汇流及配电设备	集电线路	升压站 / 开关站
地面光伏	1000MW	1200MWp	单晶硅双面双玻 N 型组件	固定支架	预应力混凝土桩（PHC300A70），桩长 3.0m	组串式逆变器 320kW，3200kVA，1600kVA 箱变	铝合金电缆直埋敷设	1 座 330kV 升压站以 2 回 330kV 线路送出，配置 4 台 250MVA 主变压器，330kV 采用单母线接线形式，35kV 采用单母线接线形式，每台主变低压侧配置两段 35kV 母线
	500MW	600MWp	单晶硅双面双玻 N 型组件	固定支架	预应力混凝土桩（PHC300A70），桩长 3.0m	组串式逆变器 320kW，3200kVA，1600kVA 箱变	铝合金电缆直埋敷设	1 座 220kV 升压站以 1 回 220kV 线路送出，配置 3 台 170MVA 主变压器，220kV 采用单母线接线形式，35kV 采用单母线接线形式
	200MW	240MWp	单晶硅双面双玻 N 型组件	固定支架	预应力混凝土桩（PHC300A70），桩长 3.0m	组串式逆变器 320kW，3200kVA，1600kVA 箱变	铝合金电缆直埋敷设	1 座 220kV 升压站以 1 回 220kV 线路送出，配置 2 台 100MVA 主变压器，220kV 采用单母线接线形式，35kV 采用单母线接线形式
	100MW	120MWp	单晶硅双面双玻 N 型组件	固定支架	预应力混凝土桩（PHC300A70），桩长 3.0m	组串式逆变器 320kW，3200kVA，1600kVA 箱变	铝合金电缆直埋敷设	1 座 110kV 升压站以 1 回 110kV 线路送出，配置 1 台 100MVA 主变压器，110kV 采用线变组接线形式，35kV 采用单母线接线形式
	50MW	60MWp	单晶硅双面双玻 N 型组件	固定支架	预应力混凝土桩（PHC300A70），桩长 3.0m	组串式逆变器 320kW，3200kVA，1600kVA 箱变	铝合金电缆直埋敷设	1 座 110kV 升压站以 1 回 110kV 线路送出，配置 1 台 50MVA 主变压器，110kV 采用线变组接线形式，35kV 采用单母线接线形式

续表

工程类别	并网容量	直流侧容量	组件型号	组件支架	支架基础	汇流及配电设备	集电线路	升压站 / 开关站
水面光伏	500MW	600MWp	单晶硅双面双玻 N 型组件	固定支架	预应力混凝土桩（PHC300A70），桩长 8m	组串式逆变器 320kW，3200kVA，1600kVA 箱变	铝合金电缆架空桥架敷设	1 座 220kV 升压站以 1 回 220kV 线路送出，配置 3 台 170MVA 主变压器，220kV 采用单母线接线形式，35kV 采用单母线接线形式
	200MW	240MWp	单晶硅双面双玻 N 型组件	固定支架	预应力混凝土桩（PHC300A70），桩长 8m	组串式逆变器 320kW，3200kVA，1600kVA 箱变	铝合金电缆架空桥架敷设	1 座 220kV 升压站以 1 回 220kV 线路送出，配置 2 台 100MVA 主变压器，220kV 采用单母线接线形式，35kV 采用单母线接线形式
	100MW	120MWp	单晶硅双面双玻 N 型组件	固定支架	预应力混凝土桩（PHC300A70），桩长 8m	组串式逆变器 320kW，3200kVA，1600kVA 箱变	铝合金电缆架空桥架敷设	1 座 110kV 升压站以 1 回 110kV 线路送出，配置 1 台 100MVA 主变压器，110kV 采用线变组接线形式，35kV 采用单母线接线形式
	50MW	60MWp	单晶硅双面双玻 N 型组件	固定支架	预应力混凝土桩（PHC300A70），桩长 8m	组串式逆变器 320kW，3200kVA，1600kVA 箱变	铝合金电缆架空桥架敷设	1 座 110kV 升压站以 1 回 110kV 线路送出，配置 1 台 50MVA 主变压器，110kV 采用线变组接线形式，35kV 采用单母线接线形式

4.3 光伏项目基本方案主要参考工程量（表 6）

表 6 光伏项目基本方案主要参考工程量表

序号	项目名称及型号	主要参数	单位	工程量	备注
一	光伏组件				
1	2000MW	单晶硅双面双玻 N 型组件，2×28 竖排布	MWp	2400	
2	1000MW	单晶硅双面双玻 N 型组件，2×28 竖排布	MWp	1200	
3	500MW	单晶硅双面双玻 N 型组件，2×28 竖排布	MWp	600	
4	200MW	单晶硅双面双玻 N 型组件，2×28 竖排布	MWp	240	
5	100MW	单晶硅双面双玻 N 型组件，2×28 竖排布	MWp	120	
6	50MW	单晶硅双面双玻 N 型组件，2×28 竖排布	MWp	60	
二	固定式支架				
1	2000MW	钢支架（Q355B+Q235B，考虑镀锌防腐，平均镀锌厚度 65μm）	t	84000	
2	1000MW	钢支架（Q355B+Q235B，考虑镀锌防腐，平均镀锌厚度 65μm）	t	42000	
3	500MW	钢支架（Q355B+Q235B，考虑镀锌防腐，平均镀锌厚度 65μm）	t	21000	
4	200MW	钢支架（Q355B+Q235B，考虑镀锌防腐，平均镀锌厚度 65μm）	t	8400	
5	100MW	钢支架（Q355B+Q235B，考虑镀锌防腐，平均镀锌厚度 65μm）	t	4200	
6	50MW	钢支架（Q355B+Q235B，考虑镀锌防腐，平均镀锌厚度 65μm）	t	2100	
三	箱式变压器				
1	2000MW	35kV 箱变设备 3150kVA	台	640	
2	1000MW	35kV 箱变设备 3150kVA	台	320	
3	500MW	35kV 箱变设备 3150kVA	台	160	
4	200MW	35kV 箱变设备 3150kVA	台	64	
5	100MW	35kV 箱变设备 3150kVA	台	32	
6	50MW	35kV 箱变设备 3150kVA	台	16	

续表

序号	项目名称及型号	主要参数	单位	工程量	备注
四	逆变器				
1	2000MW	320kW 组串式逆变器	台	6400	
2	1000MW	320kW 组串式逆变器	台	3200	
3	500MW	320kW 组串式逆变器	台	1600	
4	200MW	320kW 组串式逆变器	台	640	
5	100MW	320kW 组串式逆变器	台	320	
6	50MW	320kW 组串式逆变器	台	160	
五	光伏电缆				
1	“沙戈荒”大基地 2000MW	H1Z2Z2-K-1.5kV-1×4（防鼠）	km	23800	
2	“沙戈荒”大基地 1000MW	H1Z2Z2-K-1.5kV-1×4（防鼠）	km	11900	
3	煤矿采空区 2000MW	H1Z2Z2-K-1.5kV-1×4（防鼠）	km	23800	
4	煤矿采空区 1000MW	H1Z2Z2-K-1.5kV-1×4（防鼠）	km	11900	
5	1000MW	H1Z2Z2-K-1.5kV-1×4（防鼠）	km	11900	
6	500MW	H1Z2Z2-K-1.5kV-1×4（防鼠）	km	6000	
7	200MW	H1Z2Z2-K-1.5kV-1×4（防鼠）	km	2400	
8	100MW	H1Z2Z2-K-1.5kV-1×4（防鼠）	km	1190	
9	50MW	H1Z2Z2-K-1.5kV-1×4（防鼠）	km	600	
六	3kV 电力电缆				
1	“沙戈荒”大基地 2000MW	ZC-YJLHV22-1.8/3-3×300	km	1920	
2	“沙戈荒”大基地 1000MW	ZC-YJLHV22-1.8/3-3×300	km	960	
3	煤矿采空区 2000MW	ZC-YJLHV22-1.8/3-3×300	km	1920	
4	煤矿采空区 1000MW	ZC-YJLHV22-1.8/3-3×300	km	960	
5	地面 1000MW	ZC-YJLHV22-1.8/3-3×300	km	960	

续表

序号	项目名称及型号	主要参数	单位	工程量	备注
6	地面 500MW	ZC−YJLHV22−1.8/3−3×300	km	480	
7	地面 200MW	ZC−YJLHV22−1.8/3−3×300	km	192	
8	地面 100MW	ZC−YJLHV22−1.8/3−3×300	km	96	
9	地面 50MW	ZC−YJLHV22−1.8/3−3×300	km	48	
10	水面 500MW	ZC−YJLHV22−1.8/3−3×300	km	450	
11	水面 200MW	ZC−YJLHV22−1.8/3−3×300	km	180	
12	水面 100MW	ZC−YJLHV22−1.8/3−3×300	km	90	
13	水面 50MW	ZC−YJLHV22−1.8/3−3×300	km	45	
七	集电线路	地面光伏集电线路电缆全地埋敷设；水面光伏集电线路电缆登陆前桥架敷设，登陆后地埋敷设			基本方案
1	“沙戈荒”大基地 2000MW	35kV 电缆 ZC−YJLHV22−26/35	km	753.86	
2	“沙戈荒”大基地 1000MW	35kV 电缆 ZC−YJLHV22−26/35	km	376.93	
3	煤矿采空区 2000MW	35kV 电缆 ZC−YJLHV22−26/35	km	753.86	桥架敷设约 544km 地埋敷设约 210km
4	煤矿采空区 1000MW	35kV 电缆 ZC−YJLHV22−26/35	km	376.93	桥架敷设约 272km 地埋敷设约 105km
5	地面 1000MW	35kV 电缆 ZC−YJLHV22−26/35	km	376.93	
6	地面 500MW	35kV 电缆 ZC−YJLHV22−26/35	km	188.47	
7	地面 200MW	35kV 电缆 ZC−YJLHV22−26/35	km	63.76	
8	地面 100MW	35kV 电缆 ZC−YJLHV22−26/35	km	37.69	
9	地面 50MW	35kV 电缆 ZC−YJLHV22−26/35	km	18.85	
10	水面 500MW	35kV 电缆 ZC−YJLHV22−26/35	km	150	桥架敷设 136km 地埋敷设 14km
11	水面 200MW	35kV 电缆 ZC−YJLHV22−26/35	km	60	桥架敷设 54.4km 地埋敷设 5.6km

续表

序号	项目名称及型号	主要参数	单位	工程量	备注
12	水面 100MW	35kV 电缆 ZC-YJLHV22-26/35	km	30	桥架敷设 27.2km 地埋敷设 2.8km
13	水面 50MW	35kV 电缆 ZC-YJLHV22-26/35	km	15	桥架敷设 13.6km 地埋敷设 1.4km
八	集电线路	架空型式			调整模块
1	2000MW	单、双回线路合计	km	360	单回：200km 双回：160km
2	1000MW	单、双回线路合计	km	180	单回：100km 双回：80km
3	500MW	单、双回线路合计	km	85	单回：50km 双回：35km
4	200MW	单、双回线路合计	km	31	单回：18km 双回：13km
5	100MW	单、双回线路合计	km	15	单回：9km 双回：6km
6	50MW	单、双回线路合计	km	6.3	单回：3.8km 双回：2.5km
九	支架桩基				
1	“沙戈荒”大基地 2000MW	混凝土钻孔灌注桩，ϕ300mm	m	2222248	
2	“沙戈荒”大基地 1000MW	混凝土钻孔灌注桩，ϕ300mm	m	1111124	
3	煤矿采空区 2000MW	螺旋钢桩，ϕ76mm×4mm，桩入土深度 2.0m，露出地面 0.5m	m	4444496	
4	煤矿采空区 1000MW	螺旋钢桩，ϕ76mm×4mm，桩入土深度 2.0m，露出地面 0.5m	m	2222248	
5	1000MW	预制混凝土管桩（PHC300A70）	m	923100	
6	500MW	预制混凝土管桩（PHC300A70）	m	461550	
7	200MW	预制混凝土管桩（PHC300A70）	m	184620	
8	100MW	预制混凝土管桩（PHC300A70）	m	92310	

续表

序号	项目名称及型号	主要参数	单位	工程量	备注
9	50MW	预制混凝土管桩（PHC300A70）	m	46170	
10	水面 500MW	预制混凝土管桩（PHC300A70）	m	1230800	
11	水面 200MW	预制混凝土管桩（PHC300A70）	m	492320	
12	水面 100MW	预制混凝土管桩（PHC300A70）	m	246160	
13	水面 50MW	预制混凝土管桩（PHC300A70）	m	123120	
十	房屋建筑	生产及生产辅助区、生活区、库房			
1	2000MW	其中：生产及生产辅助区、生活区 $6000m^2$，库房 $650m^2$	m^2	6650	
2	1000MW	其中：生产及生产辅助区、生活区 $3120m^2$，库房 $390m^2$	m^2	3510	
3	500MW	其中：生产及生产辅助区、生活区 $2000m^2$，库房 $210m^2$	m^2	2210	
4	200MW	其中：生产及生产辅助区、生活区 $1340m^2$，库房 $120m^2$	m^2	1460	
5	100MW	其中：生产及生产辅助区、生活区 $870m^2$，库房 $60m^2$	m^2	930	
6	50MW	其中：生产及生产辅助区、生活区 $600m^2$，库房 $50m^2$	m^2	650	
十一	道路	新建进站道路（2km）、场区道路			
1	2000MW	进站道路宽 4m，场区道路宽 5m	km	329.38	
2	1000MW	进站道路宽 4m，场区道路宽 5m	km	162	
3	500MW	进站道路宽 4m，场区道路宽 5m	km	82	
4	200MW	进站道路宽 4m，场区道路宽 5m	km	34	
5	100MW	进站道路宽 4m，场区道路宽 5m	km	18	
6	50MW	进站道路宽 4m，场区道路宽 5m	km	10	
十二	征地				
1	“沙戈荒”大基地 2000MW		亩①	80	
2	“沙戈荒”大基地 1000MW		亩	40	

① 1 亩≈ 666.667 平方米。

续表

序号	项目名称及型号	主要参数	单位	工程量	备注
3	煤矿采空区 2000MW		亩	80	
4	煤矿采空区 1000MW		亩	40	
5	地面光伏				
5.1	1000MW		亩	40	
5.2	500MW		亩	30	
5.3	200MW		亩	18	
5.4	100MW		亩	10	
5.5	50MW		亩	10	
6	水面光伏				
6.1	500MW		亩	30	
6.2	200MW		亩	18	
6.3	100MW		亩	10	
6.4	50MW		亩	10	
十三	租地	含临时租地、长期租地			
1	“沙戈荒”大基地 2000MW	其中：临时租地 15 亩、长期租地 62405 亩	亩	62420	
2	“沙戈荒”大基地 1000MW	其中：临时租地 7.5 亩、长期租地 31202.5 亩	亩	31210	
3	煤矿采空区 2000MW	其中：临时租地 15 亩、长期租地 62405 亩	亩	62420	
4	煤矿采空区 1000MW	其中：临时租地 7.5 亩、长期租地 31202.5 亩	亩	31210	
5	地面光伏				
5.1	1000MW	其中：临时租地 7.5 亩、长期租地 24000 亩	亩	24008	
5.2	500MW	其中：临时租地 3.8 亩、长期租地 12000 亩	亩	12004	
5.3	200MW	其中：临时租地 1.5 亩、长期租地 4800 亩	亩	4802	
5.4	100MW	其中：临时租地 0.75 亩、长期租地 2400 亩	亩	2401	
5.5	50MW	其中：临时租地 0.75 亩、长期租地 1200 亩	亩	1201	

续表

序号	项目名称及型号	主要参数	单位	工程量	备注
6	水面光伏				
6.1	500MW	其中：临时租地3.8亩、水面长期租用12000亩	亩	12004	
6.2	200MW	其中：临时租地1.5亩、水面长期租用4800亩	亩	4802	
6.3	100MW	其中：临时租地0.75亩、水面长期租用2400亩	亩	2401	
6.4	50MW	其中：临时租地0.75亩、水面长期租用1200亩	亩	1201	

注：本表中部分数据为四舍五入的结果。

4.4 光伏项目主要设备参考价格（表7）

表7 光伏项目主要设备参考价格表

序号	设备名称	规格型号	单位	参考价格	备注
一	光伏组件				
	组件	单晶硅双面双玻N型组件	元/Wp	0.82	
		单晶硅双面双玻P型组件	元/Wp	0.80	
二	光伏支架				
1	固定支架		元/Wp	0.26	7500元/t
2	平单轴跟踪支架		元/Wp	0.40	
3	柔性支架		元/Wp	0.45	
三	汇流及变配电设备				
1	逆变器	320kW组串式逆变器	万元/台	4.80	
2	逆变器	225kW组串式逆变器	万元/台	3.50	
3	箱式变压器	35kV箱变设备3200kVA	万元/台	45	
4	箱逆变一体化设备	额定功率3125kW	万元/台	65	
四	主变压器				
1	35kV变压器	3200kVA	万元/台	55	

续表

序号	设备名称	规格型号	单位	参考价格	备注
2	10kV 变压器	1600kVA 干式	万元 / 台	25	
3	110kV 主变	50MVA	万元 / 台	298	
4	110kV 主变	100MVA	万元 / 台	466	
5	220kV 主变	100MVA	万元 / 台	550	
6	220kV 主变	170MVA	万元 / 台	850	
7	330kV 主变	250MVA	万元 / 台	1100	
五	主要配电设备				
1	110kVGIS	40kA	万元 / 台	80	
2	220kVGIS	50kA	万元 / 台	177	
3	330kVGIS	50kA	万元 / 台	445	
4	35kV 断路器柜	3.15kA	万元 / 台	18	
5	SVG 无功补偿装置	± 20Mvar 直挂式户外水冷式	万元 / 台	120	
6	SVG 无功补偿装置	± 25Mvar 直挂式户外水冷式	万元 / 台	150	

注：GIS，即气体绝缘组合电器设备。

4.5 光伏项目综合单价参考指标（表 8）

表 8 光伏项目综合单价参考指标表

序号	项目名称及型号	技术特征及说明	单位	综合单价	备注
一	光伏组件安装				
1	地面光伏组件安装	光伏场区地势平坦，地面自然坡度不大于 3°	元 /kWp	46.00	适用于“沙戈荒”大基地、煤矿采空区
2	水面光伏组件安装		元 /kWp	55.00	
二	组件支架安装				含安装费及支架购置费
1	固定支架安装	光伏支架为冷弯薄壁型钢结构	元 /kWp	328.00	9334 元 /t（其中支架购置费 7500 元 /t，安装费 1834 元 /t）

续表

序号	项目名称及型号	技术特征及说明	单位	综合单价	备注
2	柔性支架安装		元/kWp	520.64	其中支架购置费450元/kWp，安装费70.64元/kWp
3	平单轴跟踪支架安装		元/kWp	470.64	其中支架购置费400元/kWp，安装费70.64元/kWp
三	支架基础				支架基础土建费用，含材料费
1	地面光伏支架基础	预制混凝土桩	元/m	132.30	适用于“沙戈荒”大基地、煤矿采空区
		灌注桩	元/m	177.45	适用于“沙戈荒”大基地、煤矿采空区
		螺旋钢管桩	元/m	89.14	适用于“沙戈荒”大基地、煤矿采空区
2	水面光伏支架基础	预制混凝土桩	元/m	154.76	
		浮体基础	元/套	307.10	
四	汇流及变配电设备				
1	320kW组串式逆变器		万元/台	4.90	其中设备购置费4.80万元/台，安装费0.10万元/台
2	225kW组串式逆变器		万元/台	3.59	其中设备购置费3.50万元/台，安装费0.09万元/台
3	汇流箱		万元/台	0.65	其中设备购置费0.6万元/台，安装费0.05万元/台
4	35kV箱变设备安装	3200kVA	万元/台	46.06	其中设备购置费45万元/台，安装费1.06万元/台
5	10kV箱变设备安装	1600kVA	万元/台	25.59	其中设备购置费25万元/台，安装费0.59万元/台
6	35kV箱逆变一体化设备	3125kVA	万元/台	66.26	其中设备购置费65万元/台，安装费1.26万元/台
五	场区低压电缆				
1	光伏电缆	H1Z2Z2-K-1.5kV-1×4（防鼠）	万元/km	0.65	含安装及材料购置费
2	3kV电缆	ZC-YJLHV22-1.8/3-3×300	万元/km	8.75	含安装及材料购置费
3	3kV电缆	ZC-YJLHV22-1.8/3-3×150	万元/km	7.83	含安装及材料购置费

续表

序号	项目名称及型号	技术特征及说明	单位	综合单价	备注
六	集电线路				综合单价含电缆、中间接头、终端及分支箱等购置费及建筑安装（以下简称建安）相关费用
1	地埋电缆	地面	万元 / km	43.43	
		水面		47.38	
2	架空桥架	煤矿采空区	万元 / km	78.98	
		水面		79.23	
3	架空线	单回	万元 / km	50.55	
		双回	万元 / km	84.00	
七	交通工程				
1	进站道路	2km 长、4m 宽、20cm 厚混凝土面层路面（含 30cm 厚碎石基层）	万元 / km	91.34	
2	场区道路	5m 宽、20cm 厚泥结石路面	万元 / km	24.34	
八	房屋建筑				
1	生产及生产辅助区、生活区	不含地基处理	元 /m^2	3500	
2	库房	不含地基处理	元 /m^2	2500	
九	建设用地费				
1	永久征地	适用于煤矿采空区、地面、水面项目	万元 / 亩	15	
		适用于“沙戈荒”大基地项目	万元 / 亩	10	
2	长期租地		元 / 亩・年	500	
3	临时租地		元 / 亩・年	500	

4.6 基本组合方案技术说明（表 9、表 10）

表 9 “沙戈荒”大基地 / 煤矿采空区 / 地面光伏基本方案技术说明表

序号	名称	技术说明
一	光伏发电场区	各容量方案容配比按 1.2 考虑
1	光伏组件	单晶硅双面双玻 N 型光伏组件； 光伏阵列采用固定方式安装，2 行 28 列竖向布置，方位角为正南 0°，“沙戈荒”大基地 / 煤矿采空区光伏方阵与水平的夹角为 36°，地面光伏方阵与水平的夹角为 25°，阵列前后排桩间距 8.1m
2	组件支架	光伏支架为冷弯薄壁型钢结构，采用纵向檩条、横向支架布置方案，一个结构单元布置 56 块组件，采用 2×28 竖排布置，支架由立柱、横梁及斜撑组成，采用单立柱型式； 立柱与基础采用抱箍＋螺栓连接，“沙戈荒”大基地 / 煤矿采空区组件离地高度按 0.5m 考虑，煤矿采空区组件离地高度按 0.3m 考虑，地面光伏组件离地高度按 1.5m 考虑
3	支架基础	“沙戈荒”大基地项目：支架基础采用混凝土钻孔灌注桩，桩径 300mm，桩长 3.5m，其中地面上 0.5m，地面下 3.0m； 煤矿采空区项目：支架基础采用螺旋钢管桩，桩径 76×4mm，桩长 2.0m，其中地面上 0.3m，地面下 1.7m； 地面光伏项目：支架基础采用预制 PHC 管桩，桩径 300mm，桩长 3.0m，其中地面上 1.5m，地面下 1.5m
4	汇流及变配电设备	每 28 块光伏组件串联为 1 串，每 20 串光伏组件接入一台 320kW 组串式逆变器，每 10 台组串式逆变器接入 1 台 3.2MW 箱变，每 5 台组串式逆变器接入 1 台 1.6MW 箱变，逆变器采用 320kW 组串式逆变器，逆变器直流侧额定电压为 1500V； 光伏组件间及光伏组件至组串式逆变器采用 H1Z2Z2-K-1.5kV-1×4（防鼠）电缆，组串式逆变器至箱变设备采用阻燃型铝合金电缆 ZC-YJLHV22-1.8/3-3×300
5	集电线路	“沙戈荒”大基地和地面光伏集电线路采用电缆直埋型方案，煤矿采空区采用桥架结合电缆直埋型方案； 选用铠装铝合金电缆，埋设深度 0.8m； 箱变至升压站采用阻燃型铝合金电缆 ZC-YJLHV22-26/35-3×70~3×400，每回集电线路连接 6 个标准方阵，汇集后送至升压站 / 开关站 35kV 配电装置
6	光伏场区其他建筑、安装工程	场区场平、接地、电缆沟、围栏、调试等安装及建筑工程费

续表

序号	名称	技术说明
二	升压站	包括主变压器系统、配电装置设备、无功补偿系统、站（备）用电系统、电力电缆、接地、监控系统、交（直）流系统、通信系统、远程自动控制及电量计量系统、分系统调试、整套调试、特殊项目试验系统、场地平整、主变压器基础工程、无功补偿装置基础工程、配电设备基础工程、配电设备构筑物工程、生产建筑工程、辅助生产建筑工程、现场办公及生活建筑工程、室外工程等； 2000MW 项目（包括“沙戈荒”大基地、煤矿采空区）配套新建 2 座 330kV 升压站，每座配置 4 台三相双绕组变压器，单台主变容量 250MVA，330kV 采用单母线接线形式，通过 2 回 330kV 架空线路送出； 1000MW 项目（包括“沙戈荒”大基地、煤矿采空区）配套新建 1 座 330kV 升压站，配置 4 台三相双绕组变压器，单台主变容量 250MVA，330kV 采用单母线接线形式，通过 2 回 330kV 架空线路送出； 500MW 项目配套新建 1 座 220kV 升压站，配置 3 台三相双绕组变压器，单台变压器容量为 170MVA，220kV 采用单母线接线形式，通过 1 回 220kV 架空线路送出； 200MW 项目配套新建 1 座 220kV 升压站，配置 2 台三相双绕组变压器，单台变压器容量为 100MVA，220kV 采用单母线接线形式，通过 1 回 220kV 架空线路送出； 100MW 项目配套新建 1 座 110kV 升压站，配置 1 台三相双绕组变压器，单台变压器容量为 100MVA，110kV 采用线变组接线形式，通过 1 回 110kV 架空线路送出； 50MW 项目配套新建 1 座 110kV 升压站，配置 1 台三相双绕组变压器，单台变压器容量为 50MVA，110kV 采用线变组接线形式，通过 1 回 110kV 架空线路送出； 升压站 35kV 系统采用单母线接线方式，每台主变低压侧设置两段 35kV 母线，无功补偿容量按主变容量的 20% 考虑，采用水冷集装箱； 光伏发电站控制方式采用一体化的监控系统控制，实现光伏发电站的监视、测量、控制功能； 电气设备基础主要包括架构、设备支架、无功补偿装置、主变、避雷器等； 建筑物采用预制舱结构，基础为现浇钢筋混凝土独立基础，主变基础为现浇钢筋混凝土筏板基础，进、出线架构，主变架构等由混凝土构支架组成，采用现浇钢筋混凝土杯口基础，室外无功补偿装置基础等为现浇钢筋混凝土块式基础或箱型基础； 站区采用平坡式竖向处理，站区采取道路明沟排水，在站区道路最低点设置雨水口，雨水口下设 DN200 排水管接至站外侧排水沟； 站内道路采用城市型混凝土道路，站区内为环形道路，道路设为 4.5m 宽，水泥混凝土路面，道路坡度在 3‰ ~ 9‰，道路转弯半径为 9m； 站内电缆沟采用钢筋混凝土结构，所有电缆沟盖板均采用预制包角钢处理； 站区大门采用新型、轻巧的电动推拉门，站区四周围墙采用实体砖墙，围墙高度为 2.3m，站内围栏采用不锈钢成品围栏，围栏高度为 1.9m

续表

序号	名称	技术说明
三	交通运输工程	进站道路考虑从场外既有道路引接，长度按 2km 计，做法为 30cm 厚碎石基层、20cm 厚混凝土面层，路面宽 4m，路基宽 5m，消防通道转弯半径不小于 9m； 场区道路为 20cm 厚泥结石路面
四	其他设备及建安工程	除光伏发电场区、升压变电站之外的其他设备及建筑安装工程，包括环境保护工程、水土保持工程、劳动安全与职业卫生设备、安全监测工程等
五	建设用地费	为获得工程建设所需的场地，按照国家、地方相关法律法规规定应支付的有关费用； 包括土地征收费、长期租地费用、临时租地费用
六	其他项目费用	为完成工程建设项目所需的其他相关费用； 包括工程前期费、项目建设管理费、生产准备费、勘察设计费和其他税费

表 10　水面光伏基本方案技术说明表

序号	名称	技术说明
一	光伏发电场区	各容量方案容配比按 1.2 考虑
1	光伏组件	单晶硅双面双玻 N 型光伏组件； 光伏阵列采用固定方式安装，2 行 28 列竖向布置，方位角为正南 0°，光伏方阵与水平的夹角为 25°，阵列前后排桩间距 7.9m
2	组件支架	光伏支架为冷弯薄壁型钢结构，采用纵向檩条、横向支架布置方案，一个结构单元布置 60 块组件，采用 2 × 30 竖排布置，支架由立柱、横梁及斜撑组成，采用单立柱型式，立柱与基础采用抱箍 + 螺栓连接，组件按高出 50 年一遇最大水位 500mm 考虑
3	支架基础	水深按最大 2m 考虑； 支架基础采用预制 PHC 管桩，桩径 300mm，桩长 8.0m，其中水面上 2.5m，水面下 5.5m

续表

序号	名称	技术说明
4	汇流及变配电设备	水面光伏箱变采用预制管桩抬高 + 现浇平台的基础形式； 每28块光伏组件串联为1串，每20串光伏组件接入一台320kW组串式逆变器，每10台组串式逆变器接入1台3.2MW箱变，每5台组串式逆变器接入1台1.6MW箱变； 逆变器采用320kW组串式逆变器，逆变器直流侧额定电压为1500V； 光伏组件间及光伏组件至组串式逆变器采用H1Z2Z2-K-1.5kV-1×4（防鼠）电缆，组串式逆变器至箱变设备采用阻燃型铝合金电缆ZC-YJLHV22-1.8/3-3×300
5	集电线路	水面集电线路采用架空桥架方案，桥架尽量采用组件支架桩安装固定，陆地上集电线路采用电缆直埋型方案敷设，选用铠装铝合金电缆，埋设深度0.8m； 箱变至升压站采用阻燃型铝合金电缆ZC-YJLHV22-26/35-3×70 ~ 3×400，每回集电线路连接5~6个标准方阵，汇集后送至升压站 / 开关站35kV配电装置
6	光伏场区其他建筑、安装工程	场区场平、接地、电缆沟、围栏、调试等安装及建筑工程费
二	升压站	包括主变压器系统、配电装置设备、无功补偿系统、站（备）用电系统、电力电缆、接地、监控系统、交（直）流系统、通信系统、远程自动控制及电量计量系统、分系统调试、整套调试、特殊项目试验系统、场地平整、主变压器基础工程、无功补偿装置基础工程、配电设备基础工程、配电设备构筑物工程、生产建筑工程、辅助生产建筑工程、现场办公及生活建筑工程、室外工程等； 500MW光伏电站配套新建1座220kV升压站，配置3台三相双绕组变压器，单台变压器容量为170MVA，220kV采用单母线接线形式，通过1回220kV架空线路送出； 200MW光伏电站配套新建1座220kV升压站，配置2台三相双绕组变压器，单台变压器容量为100MVA，220kV采用单母线接线形式，通过1回220kV架空线路送出； 100MW光伏电站配套新建1座110kV升压站，配置1台三相双绕组变压器，单台变压器容量为100MVA，110kV采用线变组接线形式，通过1回110kV架空线路送出； 50MW光伏电站配套新建1座110kV升压站，配置1台三相双绕组变压器，容量为50MVA，110kV采用线变组接线形式，通过1回110kV架空线路送出； 升压站35kV系统采用单母线接线方式，每台主变低压侧设置一段母线，无功补偿容量按主变容量的20%考虑，采用水冷集装箱； 光伏发电站控制方式采用一体化的监控系统控制，实现光伏发电站的监视、测量、控制功能； 光伏场区采用35kV电缆集电线路对光伏发电单元进行汇集后送至开关站35kV配电装置；

续表

序号	名称	技术说明
二	升压站	电气设备基础包括架构、设备支架、无功补偿装置、主变、避雷器等； 建筑物采用预制舱结构，基础为现浇钢筋混凝土独立基础； 主变基础为现浇钢筋混凝土筏板基础，进、出线架构、主变架构等由混凝土构支架组成，采用现浇钢筋混凝土杯口基础，室外无功补偿装置基础等为现浇钢筋混凝土块式基础或箱型基础； 站区采用平坡式竖向处理，站区采取道路明沟排水，在站区道路最低点设置雨水口，雨水口下设 DN200 排水管接至站外侧排水沟； 站内道路采用城市型混凝土道路，站区内为环形道路，道路设为 4.5m 宽，水泥混凝土路面，道路坡度在 3‰ ~9‰，道路转弯半径为 9m； 站内电缆沟采用钢筋混凝土结构，所有电缆沟盖板均采用预制包角钢处理； 站区大门采用新型、轻巧的电动推拉门，站区四周围墙采用实体砖墙，围墙高度为 2.3m，站内围栏采用不锈钢成品围栏，围栏高度为 1.9m
三	交通运输工程	进站道路考虑从场外既有道路引接，长度按 2km 计，做法为 30cm 厚碎石基层、20cm 厚混凝土面层，路面宽 4m，路基宽 5m，消防通道转弯半径不小于 9m； 场区道路为 20cm 厚泥结石路面
四	其他设备及建安工程	除光伏发电场区、升压变电站之外的其他设备及建筑安装工程，包括环境保护工程、水土保持工程、劳动安全与职业卫生设备、安全监测工程等
五	建设用地费	为获得工程建设所需的场地，按照国家、地方相关法律法规规定应支付的有关费用，包括土地征收费、水面长期租用费用、临时租地费用
六	其他项目费用	为完成工程建设项目所需的其他相关费用，包括工程前期费、项目建设管理费、生产准备费、勘察设计费和其他税费

4.7 调整模块通用造价指标

4.7.1 “沙戈荒”大基地光伏调整模块通用造价指标（表11）

表 11 “沙戈荒”大基地光伏调整模块通用造价指标表

单位：万元

序号	模块名称	二级模块名称	技术特征及说明	调整模块造价	
				2000MW	1000MW
一	光伏组件	单晶硅双面双玻 N 型	容配比为 1.2，实际工程容配比不同时可按实调整	208824	104412
		单晶硅双面双玻 P 型	容配比为 1.2，实际工程容配比不同时可按实调整	204000	102000
二	组件支架	固定支架	全部阵列采用最佳倾角固定安装； 工程量可按实调整	78720	39360
		平单轴跟踪支架	光伏方阵可以随着一根水平轴东西方向跟踪太阳，以此获得较大的发电量； 工程量可按实际直流侧容量调整	113434	56717
		固定支架调整（1m）	固定支架立柱抬高，增加重量应当使用灌注桩，需满足光伏组件离地 1.5m 高度要求时使用； 基本方案为离地高度 0.5m，该方案立柱增加 1m，满足离地高度要求	6272	3136
		固定支架调整（1.2m）	固定支架立柱抬高，增加重量； 使用螺旋钢管桩，需满足光伏组件离地 1.5m 高度要求； 基本方案为离地高度 0.3m，立柱增加 1.2m，满足离地高度要求	7526	3763
三	支架基础	灌注桩（3.5m）	钻孔钢筋混凝土灌注桩，桩径 300mm； 桩长 3.5m，其中地面上 0.5m（预埋钢管），地面下 3m； 工程量可按实调整	51058	25549
		灌注桩（2m）	钻孔钢筋混凝土灌注桩，桩径 300mm； 桩长 2.0m，其中地面上 0.5m（预埋钢管），地面下 1.5m； 工程量可按实调整	45403	22702

续表

序号	模块名称	二级模块名称	技术特征及说明	调整模块造价	
				2000MW	1000MW
三	支架基础	灌注桩（2.5m）	钻孔钢筋混凝土灌注桩，桩径 300mm； 桩长 2.5m，其中地面上 0.5m（预埋钢管），地面下 2.0m； 工程量可按实调整	47288	23644
四	汇流及变配电设备	320kW 组串式逆变器	包含箱变、逆变器、光伏电缆设备及建安费用，设备及电缆型号参数见基本方案技术说明； 设备及电缆工程量可按实调整，光伏电缆工程量见表 6	95300	47712
		225kW 组串式逆变器	包含箱变、逆变器、光伏电缆设备及建安费用，设备及电缆型号参数见基本方案技术说明； 设备及电缆工程量可按实调整，光伏电缆工程量见表 6	96198	48099
五	集电线路	地埋	正常埋深 0.8m，工程量可按实调整	32549	16274
六	光伏场区其他建安工程	光伏场区其他建安工程	场区场平、接地、电缆沟、围栏、围墙、调试等	22029	11015
七	升压站	330kV 升压站	1000MW 方案采用 4 台 250MVA 主变，2000MW 方案采用 8 台 250MVA 主变； 采用单母线接线形式； 综合楼、电气室及附属用房均采用常规建筑形式	38690	19656
		220kV 升压站（部分预装式）	1000MW 方案采用 6 台 170MVA 主变，2000MW 方案采用 12 台 170MVA 主变； 采用单母线接线形式； 综合楼及附属用房均采用常规建筑形式，电气室采用预制舱形式	36182	18176
		220kV 升压站（常规建筑）	1000MW 方案采用 6 台 170MVA 主变，2000MW 方案采用 12 台 170MVA 主变； 采用单母线接线形式； 综合楼、电气室及附属用房均采用常规建筑形式	32585	16365

续表

序号	模块名称	二级模块名称	技术特征及说明	调整模块造价	
				2000MW	1000MW
八	交通运输工程	平原场区	指地面自然坡度小于 3°，无明显起伏； 工程量可按实调整	8151	4076
九	其他设备及建安工程	其他设备及建安工程	供水、供电、环保、水保、劳动安全卫生等其他设备及建安费用； 不包含生产车辆购置费用	5534	2842
十	建设用地费	建设用地费	包含征地、临时租地、长期租地、地表清偿等费用； 土地征收、长期租地、临时租地工程量与费用为参考值，实际工程与本指标不同时，可按照实际工程量和费用标准进行调整； 地表清偿费用根据征地与租地面积之和，按照 1000 元 / 亩的标准计列； 除以上内容以外的费用不包含在本指标内，可根据项目情况按实调整	10171	5086
十一	其他项目费用	其他项目费用	除征地、临时租地、长期租地以外的其他费用项目； 其中工程前期费按照 30 元 /kW 计列，勘察设计费按照 30 元 /kW 计列，实际工程与本指标不同时，可根据实际费用水平进行调整； 其他税费项目仅包括水土保持补偿费	20463	10698

注：（1）在技术特征及说明里列明费用标准和工程量的项目，可按实调整；
（2）在技术特征及说明中未注明的可按实调整的工程量，按照“表 6　光伏项目基本方案主要参考工程量”中对应内容进行调整；
（3）在技术特征及说明中未列出单价和标准的可按实调整的费用，按照“表 7　光伏项目主要设备参考价格”和“表 8　光伏项目综合单价参考指标”中对应内容进行调整。

4.7.2 煤矿采空区光伏调整模块通用造价指标（表12）

表 12 煤矿采空区光伏调整模块通用造价指标表

单位：万元

序号	模块名称	二级模块名称	技术特征及说明	调整模块造价	
				2000MW	1000MW
一	光伏组件	单晶硅双面双玻 N 型	容配比为 1.2，实际工程容配比不同时可按实调整	208824	104412
		单晶硅双面双玻 P 型	容配比为 1.2，实际工程容配比不同时可按实调整	204000	102000
二	组件支架	固定支架	全部阵列采用最佳倾角固定安装； 工程量可按实调整	78720	39360
		平单轴支架	光伏方阵可以随着一根水平轴东西方向跟踪太阳，以此获得较大的发电量； 工程量可按实际直流侧容量调整	113434	56717
		柔性支架	在各类复杂地形下具有更广阔的适用性，可以实现更大的跨度，布置灵活，充分利用空间资源和太阳能资源； 结构具有强非线性、大挠度和风敏感性等特点； 工程量可按实际直流侧容量调整	125494	62747
		固定支架调整（1m）	固定支架立柱抬高，增加重量； 使用灌注桩，需满足光伏组件离地 1.5m 高度要求； 基本方案为离地高度 0.5m，选用该方案立柱增加 1m，满足离地高度要求	6272	3136
		固定支架调整（1.2m）	固定支架立柱抬高，增加重量； 使用螺旋钢管桩，需满足光伏组件离地 1.5m 高度要求； 基本方案为离地高度 0.3m，选用该方案立柱增加 1.2m，满足离地高度要求	7526	3763
三	支架基础	螺旋钢管桩（2m）	镀锌层厚度不小于 85μm 且满足 25 年耐久性要求，桩径 76mm，叶片直径 236mm，叶片厚度 6mm，桩体壁厚 4mm； 桩身高出地面 0.3m，桩入土深度不小于 1.7m； 工程量可按实调整	40099	20049
		预应力混凝土桩（5m）	预制混凝土桩基础，桩径 300mm； 桩长 5.0m，其中地面上 3.0m，地面下 2.0m； 工程量可按实调整	50450	25325

续表

序号	模块名称	二级模块名称	技术特征及说明	调整模块造价	
				2000MW	1000MW
三	支架基础	灌注桩（2m）	钻孔钢筋混凝土灌注桩，桩径 300mm； 桩长 2.0m，其中地面上 0.5m（预埋钢管），地面下 1.5m； 工程量可按实调整	45403	22702
		灌注桩（2.5m）	钻孔钢筋混凝土灌注桩，桩径 300mm； 桩长 2.5m，其中地面上 0.5m（预埋钢管），地面下 2.0m； 工程量可按实调整	47288	23644
四	汇流及变配电设备	320kW 组串式逆变器	包含箱变、逆变器、光伏电缆设备及建安费用，设备及电缆型号参数见基本方案技术说明； 设备及电缆工程量可按实调整； 光伏电缆工程量见表 6	95301	47712
		225kW 组串式逆变器	包含箱变、逆变器、光伏电缆设备及建安费用，设备及电缆型号参数见基本方案技术说明； 设备及电缆工程量可按实调整； 光伏电缆工程量见表 6	96198	48099
五	集电线路	桥架	按桥架结合地埋方式敷设，地埋部分正常埋深 0.8m； 2000MW 方案，其中桥架电缆工程量 544km，单价 789804 元 /km，地埋电缆工程量 210km，单价 387090 元 /km； 1000MW 方案，其中桥架电缆工程量 272km，单价 789804 元 /km，地埋电缆工程量 105km，单价 387090 元 /km； 工程量可按实调整	51089	25545
		架空	电缆桥架敷设； 工程量见表 6，可按实调整	27808	13904
六	光伏场区其他建安工程	光伏场区其他建安工程	场区场平、接地、电缆沟、围栏、围墙、调试等	22029	11014

续表

序号	模块名称	二级模块名称	技术特征及说明	调整模块造价	
				2000MW	1000MW
七	升压站	330kV 升压站	1000MW 方案采用 4 台 250MVA 主变，2000MW 方案采用 8 台 250MVA 主变； 采用单母线接线形式； 综合楼、电气室及附属用房均采用常规建筑形式	38690	19656
		220kV 升压站（部分预装式）	1000MW 方案采用 6 台 170MVA 主变，2000MW 方案采用 12 台 170MVA 主变； 采用单母线接线形式； 综合楼及附属用房均采用常规建筑形式，电气室采用预制舱形式	36182	18176
		220kV 升压站（常规建筑）	1000MW 方案采用 6 台 170MVA 主变，2000MW 方案采用 12 台 170MVA 主变； 采用单母线接线形式； 综合楼、电气室及附属用房均采用常规建筑形式	32585	16365
八	交通运输工程	平原场区	指地面自然坡度小于 3°，无明显起伏； 工程量可按实调整	8151	4076
九	其他设备及建安工程	其他设备及建安工程	供水、供电、环保、水保、劳动安全卫生等其他设备及建安费用； 不包含生产车辆购置费用	5534	2842
十	建设用地费	建设用地费	包含征地、临时租地、长期租地、地表清偿等费用； 土地征收、长期租地、临时租地工程量与费用为参考值，实际工程与本指标不同时，可按照实际工程量和费用标准进行调整； 地表清偿费用根据征地与租地面积之和，按照 1000 元 / 亩的标准计列； 除以上内容以外的费用不包含在本指标内，可根据项目情况按实调整	10571	5286
十一	其他项目费用	其他项目费用	除征地、临时租地、长期租地以外的其他费用项目； 其中工程前期费按照 30 元 /kW 计列，勘察设计费按照 30 元 /kW 计列，实际工程与本指标不同时，可根据实际费用水平进行调整； 其他税费项目仅包括水土保持补偿费	20590	10766

注：（1）在技术特征及说明里列明费用标准和工程量的项目，可按实调整；
（2）在技术特征及说明中未注明的可按实调整的工程量，按照“表 6　光伏项目基本方案主要参考工程量”中对应内容进行调整；
（3）在技术特征及说明中未列出单价和标准的可按实调整的费用，按照“表 7　光伏项目主要设备参考价格”和“表 8　光伏项目综合单价参考指标”中对应内容进行调整。

4.7.3 地面光伏调整模块通用造价指标（表13）

表 13 地面光伏调整模块通用造价指标表

单位：万元

序号	模块名称	二级模块名称	技术特征及说明	调整模块造价				
				1000MW	500MW	200MW	100MW	50MW
一	光伏组件	单晶硅双面双玻 N 型	容配比为 1.2，实际工程容配比不同时可按实调整	104412	52206	20882	10441	5221
		单晶硅双面双玻 P 型	容配比为 1.2，实际工程容配比不同时可按实调整	102000	51000	20400	10200	5100
二	组件支架	固定支架	全部阵列采用最佳倾角固定安装； 工程量可按实调整	39360	19680	7872	3936	1968
		平单轴跟踪支架	光伏方阵可以随着一根水平轴东西方向跟踪太阳，以此获得较大的发电量； 工程量可按实际直流侧容量调整	56717	28359	11343	5672	2836
		柔性支架	在各类复杂地形下具有更高的适用性，可以实现更大的跨度，布置灵活，充分利用空间资源和太阳能资源； 结构具有强非线性、大挠度和风敏感性等特点； 工程量可按实际直流侧容量调整	—	—	12549	6275	3137
		固定支架调整（1m）	固定支架立柱抬高，增加重量； 使用灌注桩，需满足光伏组件离地 1.5m 高度要求； 基本方案为离地高度 0.5m，立柱增加 1m，满足离地高度要求	3136	1568	627	313	156
		固定支架调整（1.2m）	固定支架立柱抬高，增加重量； 使用螺旋钢管桩，需满足光伏组件离地 1.5m 高度要求； 基本方案为离地高度 0.3m，立柱增加 1.2m，满足离地高度要求	3763	1881	752	376	188
三	支架基础	预应力混凝土桩（3m）	预制混凝土桩基础，桩径 300mm； 桩长 3.0m，其中地面上 1.5m，地面下 1.5m； 工程量可按实调整	12512	6256	2502	1251	626

续表

序号	模块名称	二级模块名称	技术特征及说明	调整模块造价				
				1000MW	500MW	200MW	100MW	50MW
三	支架基础	预应力混凝土桩（5m）	预制混凝土桩基础，桩径300mm； 桩长5.0m，其中地面上3.0m，地面下2.0m； 工程量可按实调整	25225	12613	5045	2523	1261
		灌注桩（2m）	钻孔钢筋混凝土灌注桩，桩径300mm； 桩长2.0m，其中地面上0.5m（预埋钢管），地面下1.5m； 工程量可按实调整	22702	11354	4540	2270	1135
		灌注桩（2.5m）	钻孔钢筋混凝土灌注桩，桩径300mm； 桩长2.5m，其中地面上0.5m（预埋钢管），地面下2.0m； 工程量可按实调整	23644	11822	4729	2364	1182
		螺旋钢管桩（2m）	镀锌层厚度不小于85μm且满足25年耐久性要求，桩径76mm，叶片直径236mm，叶片厚度6mm，桩体壁厚4mm； 桩身高出地面0.3m，桩入土深度不小于1.7m； 工程量可按实调整	20049	10025	4010	2005	1002
四	汇流及变配电设备	320kW组串式逆变器	包含箱变、逆变器、光伏电缆设备及建安费用，设备及电缆型号参数见基本方案技术说明； 设备及电缆工程量可按实调整； 光伏电缆工程量见表6	47943	24011	9607	4784	2401
		225kW组串式逆变器	包含箱变、逆变器、光伏电缆设备及建安费用，设备及电缆型号参数见基本方案技术说明； 设备及电缆工程量可按实调整； 光伏电缆工程量见表6	47730	23897	9572	4773	2389
		箱逆变一体化设备	额定功率3125kW； 包含箱逆变一体化设备、汇流箱、光伏电缆设备及建安费用； 光伏电缆工程量为13000km	40494	20177	8098	4049	2024
五	集电线路	地埋	正常埋深0.8m； 工程量见表6，可按实调整	16369	8185	2857	1637	818

续表

序号	模块名称	二级模块名称	技术特征及说明	调整模块造价				
				1000MW	500MW	200MW	100MW	50MW
五	集电线路	架空	杆塔架空敷设； 工程量见表6，可按实调整	13904	6952	2780	1390	695
六	光伏场区其他建安工程	光伏场区其他建安工程	场区场平、接地、电缆沟、围栏、围墙、调试等	11112	5683	3057	1747	831
七	升压站	330kV升压站（常规建筑）	1000MW方案采用4台250MVA主变，500MW方案采用2台250MVA主变； 采用单母线接线形式； 综合楼、电气室及附属用房均采用常规建筑形式	19704	10932	—	—	—
		220kV升压站（常规建筑）	1000MW方案采用6台170MVA主变，500MW方案采用3台170MVA主变，200MW方案采用2台100MVA主变，100MW方案采用1台100MVA主变； 采用单母线接线形式； 综合楼、电气室及附属用房均采用常规建筑形式	16365	10220	5756	—	—
		220kV升压站（部分预装式）	1000MW方案采用6台170MVA主变，500MW方案采用3台170MVA主变，200MW方案采用2台100MVA主变，100MW方案采用1台100MVA主变； 采用单母线接线形式； 综合楼及附属用房均采用常规建筑形式，电气室采用预制舱形式	18176	11079	5970	—	—
		110kV升压站（常规建筑）	200MW方案采用2台100MVA主变，100MW方案采用1台100MVA主变，50MW方案采用1台50MVA主变； 采用单母线接线形式； 综合楼、电气室及附属用房均采用常规建筑形式	—	—	3885	2245	2071
		110kV升压站（部分预装式）	200MW方案采用2台100MVA主变，100MW方案采用1台100MVA主变，50MW方案采用1台50MVA主变； 综合楼及附属用房均采用常规建筑形式，电气室采用预制舱形式	—	—	3932	2101	2121

续表

序号	模块名称	二级模块名称	技术特征及说明	调整模块造价				
				1000MW	500MW	200MW	100MW	50MW
七	升压站	35kV 开关站（常规建筑）	采用单母线接线形式； 综合楼、电气室及附属用房均采用常规建筑形式	—	—	—	—	1151
		35kV 开关站（部分预装式）	采用单母线接线形式； 综合楼及附属用房均采用常规建筑形式，电气室采用预制舱形式	—	—	—	—	1148
八	交通运输工程	平原场区	指地面自然坡度小于 3°，无明显起伏； 工程量可按实调整	4077	2130	962	572	377
九	其他设备及建安工程	其他设备及建安工程	供水、供电、环保、水保、劳动安全卫生等其他设备及建安费用； 不包含生产车辆购置费用	2793	1429	787	439	280
十	建设用地费	建设用地费	包含征地、临时租地、长期租地、地表清偿等费用； 土地征收、长期租地、临时租地工程量与费用为参考值，实际工程与本指标不同时，可按照实际工程量和费用标准进行调整； 地表清偿费用根据征地与租地面积之和，按照 1000 元 / 亩的标准计列； 除以上内容以外的费用不包含在本指标内，可根据项目情况按实调整	4205	2253	992	511	331
十一	其他项目费用	其他项目费用	除征地、临时租地、长期租地以外的其他费用项目； 其中工程前期费、勘察设计费参照集团项目平均水平计列，实际工程与本指标不同时，可根据实际费用水平进行调整； 其他税费项目仅包括水土保持补偿费	10572	6520	3355	2225	1531

注：（1）在技术特征及说明里列明费用标准和工程量的项目，可按实调整；
（2）在技术特征及说明中未注明的可按实调整的工程量，按照“表 6　光伏项目基本方案主要参考工程量”中对应内容进行调整；
（3）在技术特征及说明中未列出单价和标准的可按实调整的费用，按照“表 7　光伏项目主要设备参考价格”和“表 8　光伏项目综合单价参考指标”中对应内容进行调整。

4.7.4 水面光伏调整模块通用造价指标（表14）

表 14 水面光伏调整模块通用造价指标表

单位：万元

序号	模块名称	二级模块名称	技术特征及说明	调整模块造价			
				500MW	200MW	100MW	50MW
一	光伏组件	单晶硅双面双玻 N 型	容配比为 1.2，实际工程容配比不同时可按实调整	52715	21098	10549	5275
		单晶硅双面双玻 P 型	容配比为 1.2，实际工程容配比不同时可按实调整	51540	20616	10308	5154
二	组件支架	固定支架	全部阵列采用最佳倾角固定安装； 工程量可按实调整	19680	7872	3936	1968
		平单轴跟踪支架	光伏方阵可以随着一根水平轴东西方向跟踪太阳，以此获得较大的发电量； 工程量可按实际直流侧容量调整	28359	11343	5672	2836
三	支架基础	预应力混凝土桩（8m）	预制混凝土桩基础，桩径 300mm，桩长 8.0m，其中水面上 2.5m，水面下 5.5m； 工程量可按实调整	19048	7619	3809	1904
		浮体基础	浮力、结构受力均由 HDPE 浮体提供和承载	34034	13613	6806	3403
四	汇流及变配电设备	320kW 组串式逆变器	包含箱变、逆变器、光伏电缆设备及建安费用，设备及电缆型号参数见基本方案技术说明； 设备及电缆工程量可按实调整； 光伏电缆工程量见表 6	23958	9588	4803	2395
		225kW 组串式逆变器	包含箱变、逆变器、光伏电缆设备及建安费用，设备及电缆型号参数见基本方案技术说明； 设备及电缆工程量可按实调整； 光伏电缆工程量见表 6	23245	9295	4648	2324
		箱逆变一体化设备	额定功率 3125kW； 包含箱逆变一体化设备、汇流箱、光伏电缆设备及建安费用； 光伏电缆工程量为 13000km； 工程量可按实调整	19703	7880	3940	1976

续表

序号	模块名称	二级模块名称	技术特征及说明	调整模块造价			
				500MW	200MW	100MW	50MW
五	集电线路	桥架＋地埋	按桥架结合地埋方式敷设，地埋部分正常埋深 0.8m； 500MW 方案，其中桥架电缆 136km，地埋电缆工程量 14km； 200MW 方案，其中桥架电缆 54.4km，地埋电缆工程量 5.6km； 100MW 方案，其中桥架电缆 27.2km，地埋电缆工程量 2.8km； 50MW 方案，其中桥架电缆 13.6km，地埋电缆工程量 1.4km； 桥架电缆单价 79.23 万元 /km，地埋电缆单价 47.38 万元 /km； 工程量可按实调整	11439	4575	2287	1143
		架空	杆塔架空敷设； 工程量可按实调整	7891	3156	1578	789
六	光伏场区其他建安工程	光伏场区其他建安工程	场区场平、接地、电缆沟、围栏、围墙、调试等	1762	738	424	249
七	升压站	110kV 升压站（常规建筑）	1 台 110kV 主变，110kV 采用线变组接线形式； 综合楼、电气室及附属用房均采用常规建筑形式	—	3885	2245	2071
		110kV 升压站（部分预装式）	1 台 110kV 主变，110kV 采用线变组接线形式； 综合楼及附属用房均采用常规建筑形式，电气室采用预制舱形式	—	3932	2212	2121
		220kV 升压站（常规建筑）	1 台 220kV 主变，220kV 采用线变组接线形式； 综合楼、电气室及附属用房均采用常规建筑形式	10220	5756	—	—
		220kV 升压站（部分预装式）	1 台 220kV 主变，220kV 采用线变组接线形式； 综合楼及附属用房均采用常规建筑形式，电气室采用预制舱形式	11079	5970	—	—
		35kV 开关站（常规建筑）	35kV 采用单母线接线形式； 综合楼、电气室及附属用房均采用常规建筑形式	—	—	—	1151
		35kV 开关站（部分预装式）	35kV 采用单母线接线形式； 综合楼及附属用房均采用常规建筑形式，电气室采用预制舱形式	—	—	—	1148

续表

序号	模块名称	二级模块名称	技术特征及说明	调整模块造价			
				500MW	200MW	100MW	50MW
七	升压站	330kV 升压站（常规建筑）	1 台 330kV 主变，330kV 采用线变组接线形式； 综合楼、电气室及附属用房均采用常规建筑形式	10932	—	—	—
八	交通运输工程	平原场区	指地面自然坡度小于 3°，无明显起伏； 工程量可按实调整	2129	961	572	377
九	其他设备及建安工程	其他设备及建安工程	供水、供电、环保、水保、劳动安全卫生等其他设备及建安费用； 不包含生产车辆购置费用	1649	856	501	293
十	建设用地费	建设用地费	包含征地、临时租地、水面长期租用、地表清偿等费用； 土地征收、水面长期租用、临时租地工程量与费用为参考值，实际工程与本指标不同时，可按照实际工程量和费用标准进行调整； 地表清偿费用根据征地与租地面积之和，按照 1000 元 / 亩的标准计列； 除以上内容以外的费用不包含在本指标内，可根据项目情况按实调整	2254	992	511	331
十一	其他项目费用	其他项目费用	除征地、临时租地、水面长期租用以外的其他费用项目； 其中工程前期费、勘察设计费参照集团项目平均水平计列，实际工程与本指标不同时，可根据实际费用水平进行调整； 其他税费项目仅包括水土保持补偿费	6640	3457	2276	1559

注：（1）在技术特征及说明里列明费用标准和工程量的项目，可按实调整；
（2）在技术特征及说明中未注明的可按实调整的工程量，按照“表 6　光伏项目基本方案主要参考工程量”中对应内容进行调整；
（3）在技术特征及说明中未列出单价和标准的可按实调整的费用，按照“表 7　光伏项目主要设备参考价格”和“表 8　光伏项目综合单价参考指标”中对应内容进行调整。

5 单项工程技术说明及造价指标

5.1 土地租金缴纳方式

5.1.1 技术说明

单项造价指标中，“沙戈荒”大基地、煤矿采空区、地面光伏项目土地租金包括长期租地、临时租地；水面光伏项目土地租金包括水面区域长期租用、临时租地；租金的支付方式分为“5 年一次性缴纳”以及“20 年一次性缴纳”，面积及单价参考“4 指标主要内容”中相应内容，实际情况与本指标内容不同时，可按实调整。

5.1.2 造价指标

土地租金单位造价指标为 500 元 /（亩 · 年），表 15 造价指标仅供参考，各工程可根据实际情况计列该费用。

表 15 土地租金缴纳方式造价指标表

单位：万元

序号	装机容量（MW）	应用场景	土地租金缴纳方式	
			5 年一次性缴纳	20 年一次性缴纳
1	2000	“沙戈荒”大基地 / 煤矿采空区	15605	62420
2	1000	“沙戈荒”大基地 / 煤矿采空区	7803	31210
		地面集中式	6000	24000
3	500	地面 / 水面集中式	3000	12000
4	200	地面 / 水面集中式	1200	4800

续表

序号	装机容量（MW）	应用场景	土地租金缴纳方式	
			5 年一次性缴纳	20 年一次性缴纳
5	100	地面 / 水面集中式	600	2400
6	50	地面 / 水面集中式	300	1200

5.2 送出线路

5.2.1 技术说明

本单项工程仅为满足项目送出需要的送出线路工程，其他为满足接入条件所发生的各项相关费用，例如对侧间隔改造、汇集站等费用，不在本单项指标中考虑。

根据不同容量、线路电压等级、导线形式、线路长度，确定送出线路相应投资水平。

“沙戈荒”大基地、煤矿采空区、1000MW 地面集中式光伏项目采用双回路架空线路方式送出，500MW 及以下光伏项目均采用单回路架空线路方式送出。

5.2.2 造价指标（表16）

表 16　送出线路造价指标表

序号	装机容量（MW）	线路技术参数	线路长度（km）	线路单价（万元 /km）	合计（万元）
1	2000	330kV，2×400 双回路	100	246	24600
2	1000	330kV，2×400 双回路	50	246	12300
3	1000	220kV，2×400 双回路	50	235	11750
4	500	330kV，2×400 单回路	50	133	6650
5	500	220kV，2×400 单回路	50	127	6350
6	200	220kV，2×300 单回路	25	113	2825
7	200	110kV，2×300 单回路	25	127	3175

续表

序号	装机容量（MW）	线路技术参数	线路长度（km）	线路单价（万元/km）	合计（万元）
8	100	110kV，1×400单回路	15	94	1410
9	50	110kV，1×240单回路	10	75	750

5.3 储能工程

5.3.1 技术说明

配套储能、构网型储能、独立（共享）储能均考虑电化学方案，电芯采用磷酸铁锂电池。

储能设施由多个标准储能单元组成，每个储能单元额定容量按2.5MW/5MWh考虑，1套电池储能单元对应1套储能变流器（PCS）单元；每套电池单元与配套的电池控制柜、汇流柜、消防及暖通系统集成安装于一个预制电池集装箱中，由电池厂家成套提供；每个PCS单元包含1台2500kW变流器，对应一台2750kVA的35kV/0.4kV干式变压器，与配套的环网柜、配电箱、保护柜、消防及暖通系统等集成安装于一个预制PCS集装箱中，由PCS厂家成套提供。

5.3.2 造价指标

表17造价指标仅供参考，各工程可根据实际情况计列该费用。

表17　储能工程单位造价指标表

单位：元/Wh

储能电芯	放电时长	放电倍率	综合单价		
			配套储能	构网型储能	独立（共享）储能
磷酸铁锂	1小时	1C	0.95	1.1	1.15
	2小时	0.5C	0.85	0.94	1.05
	4小时	0.25C	0.76	0.81	0.96

5.4　配套调相机

5.4.1　技术说明

配套调相机工程包含调相机的主机及配套油系统、冷却系统，一次设备（含 35kV 配电装置），二次设备 [含站用电系统，励磁、静止变频器（SFC）、分布式控制系统（DCS）、保护等二次控保设备]，调相机厂用低压变压器，热工控制系统、调试工程、厂房内外视频监控系统安装等。

根据 GB/T 40594—2021《电力系统网源协调技术导则》等标准要求，新能源多场站短路比需不低于 1.5，确保不发生振荡失稳。采取新能源大发方式、基于潮流结果进行新能源短路比校验结果配置如下：500MW 光伏项目按 1 台 50 兆乏小型调相机配置；1000MW 光伏项目按 2 台 50 兆乏小型调相机配置；2000MW 光伏项目按 4 台 50 兆乏小型调相机配置。

造价指标包括：调相机本体及辅助系统（3500 万元 / 套）、电气系统（调相机电气与引出线、35kV 变压器系统、控制及直流系统、站用电系统、电缆及接地、通信及运动系统、现有升压站内改造）、热工控制系统、调试工程、厂房内外视频监控系统安装等，以及调相机、辅助设备基础、建筑电气、暖通及水冷系统、配电装置建筑（变压器设备基础、变压器油池及及卵石、防火墙、事故油池、电缆沟等）、消防系统（消防水管路、移动消防、特殊消防），以及配套有关的辅助生产工程等。

5.4.2　造价指标（表18）

表 18　配套调相机造价指标表

单位：万元

序号	装机容量（MW）	数量（台 / 套）	建筑工程费	设备购置费	安装工程费	合计
1	2000	4	1284	15600	1468	18352
2	1000	2	642	7800	734	9176
3	500	1	321	3900	367	4588

5.5 沙漠治理

5.5.1 技术说明

对于沙漠或严重沙化场区，采用草方格固沙方式。麦草或芦苇草连续纵横铺在沙上，呈方格状，再用铁锹压进沙中，露出 1/3 或小一半自然竖立在四边，然后将方格中心的沙子拨向四周麦草根部，使麦草牢牢地立在沙地上。草方格尺寸为 1m × 1m，麦草高度为 10~20cm。

5.5.2 造价指标（表19）

表 19 沙漠治理造价指标表

单位：万元

序号	装机容量（MW）	沙漠治理费用
1	2000	10080
2	1000	5040

附录　光伏项目基本方案总概算表

附表 1　光伏项目基本方案总概算表——“沙戈荒”大基地 2000MW

单位：万元

序号	工程或费用名称	设备购置费	建安工程费	其他费用	合计
一	安装工程	353306	93427		446733
1	发电设备及安装工程	320967	89896		410863
2	升压变电站设备及安装工程	31172	3364		34536
3	其他设备及安装工程	1167	167		1334
二	建筑工程		94123		94123
1	发电场工程		77618		77618
2	升压变电站工程		4154		4154
3	交通工程		8151		8151
4	其他建筑工程		4200		4200
三	其他费用			30634	30634
1	项目建设用地费			10171	10171
2	项目建设管理费			11866	11866
3	生产准备费			389	389
4	勘察设计费			5000	5000
5	其他税费			3208	3208
四	基本预备费				11430
工程静态投资（一至四部分）合计					582920
单位千瓦静态投资（元 /kWp）					2429

附表 2　光伏项目基本方案总概算表——“沙戈荒”大基地 1000MW

单位：万元

序号	工程或费用名称	设备购置费	建安工程费	其他费用	合计
一	安装工程	177041	46713		223754
1	发电设备及安装工程	160545	44948		205493
2	升压变电站设备及安装工程	15838	1682		17520
3	其他设备及安装工程	658	83		741
二	建筑工程		47142		47142
1	发电场工程		38830		38830
2	升压变电站工程		2135		2135
3	交通工程		4077		4077
4	其他建筑工程		2100		2100
三	其他费用			15784	15784
1	项目建设用地费			5086	5086
2	项目建设管理费			6346	6346
3	生产准备费			248	248
4	勘察设计费			2500	2500
5	其他税费			1604	1604
四	基本预备费				5734
工程静态投资（一至四部分）合计					292414
单位千瓦静态投资（元 /kWp）					2437

附表 3　光伏项目基本方案总概算表——煤矿采空区 2000MW

单位：万元

序号	工程或费用名称	设备购置费	建安工程费	其他费用	合计
一	安装工程	353306	99276		452582
1	发电设备及安装工程	320967	95745		416712
2	升压变电站设备及安装工程	31172	3364		34536
3	其他设备及安装工程	1167	167		1334
二	建筑工程		95854		95854
1	发电场工程		79349		79349
2	升压变电站工程		4154		4154
3	交通工程		8151		8151
4	其他建筑工程		4200		4200
三	其他费用			31161	31161
1	项目建设用地费			10571	10571
2	项目建设管理费			11993	11993
3	生产准备费			389	389
4	勘察设计费			5000	5000
5	其他税费			3208	3208
四	基本预备费				11592
工程静态投资（一至四部分）合计					591189
单位千瓦静态投资（元 /kWp）					2463

附表 4　光伏项目基本方案总概算表——煤矿采空区 1000MW

单位：万元

序号	工程或费用名称	设备购置费	建安工程费	其他费用	合计
一	安装工程	177041	49637		226678
1	发电设备及安装工程	160545	47872		208417
2	升压变电站设备及安装工程	15838	1682		17520
3	其他设备及安装工程	658	83		741
二	建筑工程		47985		47985
1	发电场工程		39674		39674
2	升压变电站工程		2135		2135
3	交通工程		4076		4076
4	其他建筑工程		2100		2100
三	其他费用			16053	16053
1	项目建设用地费			5286	5286
2	项目建设管理费			6415	6415
3	生产准备费			248	248
4	勘察设计费			2500	2500
5	其他税费			1604	1604
四	基本预备费				5814
工程静态投资（一至四部分）合计					296530
单位千瓦静态投资（元 /kWp）					2471

附表 5 光伏项目基本方案总概算表——地面 1000MW

单位：万元

序号	工程或费用名称	设备购置费	建安工程费	其他费用	合计
一	安装工程	177091	47185		224276
1	发电设备及安装工程	160545	45371		205916
2	升压变电站设备及安装工程	15838	1730		17568
3	其他设备及安装工程	708	84		792
二	建筑工程		34006		34006
1	发电场工程		25794		25794
2	升压变电站工程		2135		2135
3	交通工程		4077		4077
4	其他建筑工程		2000		2000
三	其他费用			14777	14777
1	项目建设用地费			4205	4205
2	项目建设管理费			6220	6220
3	生产准备费			248	248
4	勘察设计费			2500	2500
5	其他税费			1604	1604
四	基本预备费				5461
工程静态投资（一至四部分）合计					278520
单位千瓦静态投资（元 /kWp）					2321

附表6　光伏项目基本方案总概算表——地面500MW

单位：万元

序号	工程或费用名称	设备购置费	建安工程费	其他费用	合计
一	安装工程	88257	24946		113203
1	发电设备及安装工程	80273	22847		103120
2	升压变电站设备及安装工程	7560	2093		9653
3	其他设备及安装工程	424	6		430
二	建筑工程		17457		17457
1	发电场工程		12901		12901
2	升压变电站工程		1426		1426
3	交通工程		2130		2130
4	其他建筑工程		1000		1000
三	其他费用			8773	8773
1	项目建设用地费			2254	2254
2	项目建设管理费			4238	4238
3	生产准备费			229	229
4	勘察设计费			1250	1250
5	其他税费			802	802
四	基本预备费				2789
工程静态投资（一至四部分）合计					142222
单位千瓦静态投资（元/kWp）					2370

附表 7　光伏项目基本方案总概算表——地面 200MW

单位：万元

序号	工程或费用名称	设备购置费	建安工程费	其他费用	合计
一	安装工程	36874	9436		46310
1	发电设备及安装工程	32109	8850		40959
2	升压变电站设备及安装工程	4401	583		4984
3	其他设备及安装工程	364	3		367
二	建筑工程		8186		8186
1	发电场工程		5818		5818
2	升压变电站工程		986		986
3	交通工程		962		962
4	其他建筑工程		420		420
三	其他费用			4347	4347
1	项目建设用地费			992	992
2	项目建设管理费			2357	2357
3	生产准备费			177	177
4	勘察设计费			500	500
5	其他税费			321	321
四	基本预备费				1177
工程静态投资（一至四部分）合计					60020
单位千瓦静态投资（元 /kWp）					2501

附表 8　光伏项目基本方案总概算表——地面 100MW

单位：万元

序号	工程或费用名称	设备购置费	建安工程费	其他费用	合计
一	安装工程	17775	5040		22815
1	发电设备及安装工程	16042	4751		20793
2	升压变电站设备及安装工程	1509	254		1763
3	其他设备及安装工程	224	35		259
二	建筑工程		4092		4092
1	发电场工程		3002		3002
2	升压变电站工程		338		338
3	交通工程		572		572
4	其他建筑工程		180		180
三	其他费用			2736	2736
1	项目建设用地费			511	511
2	项目建设管理费			1659	1659
3	生产准备费			155	155
4	勘察设计费			250	250
5	其他税费			161	161
四	基本预备费				593
工程静态投资（一至四部分）合计					30236
单位千瓦静态投资（元 /kWp）					2520

附表 9　光伏项目基本方案总概算表——地面 50MW

单位：万元

序号	工程或费用名称	设备购置费	建安工程费	其他费用	合计
一	安装工程	9656	2693		12349
1	发电设备及安装工程	8038	2369		10407
2	升压变电站设备及安装工程	1473	294		1767
3	其他设备及安装工程	145	30		175
二	建筑工程		2294		2294
1	发电场工程		1458		1458
2	升压变电站工程		354		354
3	交通工程		377		377
4	其他建筑工程		105		105
三	其他费用			1861	1861
1	项目建设用地费			331	331
2	项目建设管理费			1197	1197
3	生产准备费			127	127
4	勘察设计费			125	125
5	其他税费			81	81
四	基本预备费				330
工程静态投资（一至四部分）合计					16834
单位千瓦静态投资（元 /kWp）					2806

附表 10　光伏项目基本方案总概算表——水面 500MW

单位：万元

序号	工程或费用名称	设备购置费	建安工程费	其他费用	合计
一	安装工程	88245	25340		113585
1	发电设备及安装工程	80241	23241		103482
2	升压变电站设备及安装工程	7560	2093		9653
3	其他设备及安装工程	444	6		450
二	建筑工程		29875		29875
1	发电场工程		25119		25119
2	升压变电站工程		1426		1426
3	交通工程		2130		2130
4	其他建筑工程		1200		1200
三	其他费用			8894	8894
1	项目建设用地费			2254	2254
2	项目建设管理费			4359	4359
3	生产准备费			229	229
4	勘察设计费			1250	1250
5	其他税费			802	802
四	基本预备费				3047
工程静态投资（一至四部分）合计					155401
单位千瓦静态投资（元 /kWp）					2590

附表 11　光伏项目基本方案总概算表——水面 200MW

单位：万元

序号	工程或费用名称	设备购置费	建安工程费	其他费用	合计
一	安装工程	36884	9913		46797
1	发电设备及安装工程	32109	9327		41436
2	升压变电站设备及安装工程	4401	583		4984
3	其他设备及安装工程	374	3		377
二	建筑工程		12480		12480
1	发电场工程		10053		10053
2	升压变电站工程		986		986
3	交通工程		961		961
4	其他建筑工程		480		480
三	其他费用			4449	4449
1	项目建设用地费			992	992
2	项目建设管理费			2459	2459
3	生产准备费			177	177
4	勘察设计费			500	500
5	其他税费			321	321
四	基本预备费				1275
工程静态投资（一至四部分）合计					65001
单位千瓦静态投资（元 /kWp）					2708

附表 12　光伏项目基本方案总概算表——水面 100MW

单位：万元

序号	工程或费用名称	设备购置费	建安工程费	其他费用	合计
一	安装工程	17896	5010		22906
1	发电设备及安装工程	16054	4716		20770
2	升压变电站设备及安装工程	1615	259		1874
3	其他设备及安装工程	227	35		262
二	建筑工程		6186		6186
1	发电场工程		5036		5036
2	升压变电站工程		338		338
3	交通工程		572		572
4	其他建筑工程		240		240
三	其他费用			2787	2787
1	项目建设用地费			511	511
2	项目建设管理费			1710	1710
3	生产准备费			156	156
4	勘察设计费			250	250
5	其他税费			160	160
四	基本预备费				638
工程静态投资（一至四部分）合计					32517
单位千瓦静态投资（元 /kWp）					2710

附表 13　光伏项目基本方案总概算表——水面 50MW

单位：万元

序号	工程或费用名称	设备购置费	建安工程费	其他费用	合计
一	安装工程	9645	2716		12361
1	发电设备及安装工程	8027	2392		10419
2	升压变电站设备及安装工程	1473	294		1767
3	其他设备及安装工程	145	30		175
二	建筑工程		3363		3363
1	发电场工程		2512		2512
2	升压变电站工程		354		354
3	交通工程		377		377
4	其他建筑工程		120		120
三	其他费用			1889	1889
1	项目建设用地费			331	331
2	项目建设管理费			1233	1233
3	生产准备费			127	127
4	勘察设计费			125	125
5	其他税费			73	73
四	基本预备费				354
工程静态投资（一至四部分）合计					17967
单位千瓦静态投资（元 /kWp）					2995